Gerardo Sánchez

Les secrets de l'élevage des cailles

Gerardo Sánchez

Les secrets de l'élevage des cailles

Secrets

ScienciaScripts

Imprint
Any brand names and product names mentioned in this book are subject to trademark, brand or patent protection and are trademarks or registered trademarks of their respective holders. The use of brand names, product names, common names, trade names, product descriptions etc. even without a particular marking in this work is in no way to be construed to mean that such names may be regarded as unrestricted in respect of trademark and brand protection legislation and could thus be used by anyone.

Cover image: www.ingimage.com

This book is a translation from the original published under ISBN 978-620-0-01283-8.

Publisher:
Sciencia Scripts
is a trademark of
Dodo Books Indian Ocean Ltd., member of the OmniScriptum S.R.L Publishing group
str. A.Russo 15, of. 61, Chisinau-2068, Republic of Moldova Europe
Printed at: see last page
ISBN: 978-620-4-09729-9

Los Secretos de la Cría
de
Codorniz
Por Gerardo Sánchez

Les secrets de l'élevage des cailles

INTRODUCTION

Ce livre a été écrit dans le seul but de fournir des connaissances aux éleveurs professionnels et amateurs du monde entier qui sont passionnés par le monde impressionnant de l'élevage de cailles. Ce matériel fournira également au lecteur une foule d'informations importantes qui lui seront nécessaires lorsqu'il développera son élevage ou simplement lorsqu'il débutera en tant qu'éleveur. Tout cela a été élaboré principalement grâce à mon expérience dans le domaine et, bien sûr, à l'examen de matériel technique spécialisé comme moyen de soutien.

La coturnix japonica ou caille est un oiseau extrêmement rentable, à tel point que de plus en plus de pays et de personnes se lancent dans cette merveilleuse activité. Ce type d'oiseau provient du Japon et est classé parmi les gallinacés, ainsi, (***Lucotte G.***) Pag.7 indique que ¨...il a été introduit aux USA en 1955, un peu plus tard en Italie et ensuite dans toute l'Europe...¨ Les avantages physiologiques de cet animal sont considérés, entre autres : la précocité de sa ponte, son pourcentage élevé de fécondité, sa croissance rapide et sa grande résistance aux maladies.

Sous tous les aspects, la caille représente une énorme richesse économique, l'investissement en capital n'est pas élevé et elle est très rentable. Si nous le considérons du point de vue de la conversion et en comparaison avec d'autres oiseaux plus grands, il est extrêmement économique car nous n'avons pas besoin d'une grande quantité d'aliments pour son entretien, de même, ses œufs nous offrent une grande variété d'avantages comme le faible pourcentage de cholestérol. Enfin, nous pouvons mentionner l'exquisité de sa viande et les nutriments fournis dans les différents plats proposés par de nombreux restaurants dans le monde.

Gerardo Sanchez

LISTE DES CONTENUS

Unité 1

ASPECTS FONDAMENTAUX

La caille, animal bien connu des chasseurs et des gourmets, appartient au groupe des gallinacés du genre **Coturnix**, et forme avec d'autres genres le groupe des cailles de l'ancien monde. Le genre ***Coturnix*** est de loin le plus riche en espèces, et celles-ci peuvent être divisées en trois groupes principaux selon leur origine, respectivement les groupes africain, asiatique, australien et néo-guinéen. L'espèce la plus courante est ***Coturnix coturnix***, qui est répandue en Europe, en Asie, en Afrique et dans les îles de l'Atlantique.

Le **Coturnix coturnix** est un animal sauvage, c'est celui que l'on trouve couramment et il est originaire de nos régions, il niche en Europe et en Asie et migre en hiver vers l'Afrique, l'Arabie et l'Inde. L'autre sous-espèce, ***Coturnix coturnix*** japonica, est la caille japonaise ; elle niche sur l'île de *Sakhaline* et dans l'archipel du Japon et migre vers le Siam, l'Indochine et Formose. C'est cette deuxième espèce qui a été domestiquée il y a longtemps au Japon et importée en Europe et aux États-Unis.

Les cailles domestiques et sauvages sont facilement reconnaissables à leur structure, au chant des mâles qui est très différent dans les deux races et aux détails du plumage : chez le mâle, la couleur de la poitrine et du menton est beaucoup plus constante dans la race domestique que dans la sauvage, tandis que chez la femelle, les plumes de la même région sont tachetées de noir chez la caille domestique et pâles chez la sauvage.

La caille domestique est un petit oiseau d'un poids d'environ 150 g pour la femelle et 120 g pour le mâle, de forme arrondie. Le poussin de caille lors de sa naissance est minuscule et son poids est de 10 g dans sa majorité, ici au Venezuela il est appelé ¨Cotupollo¨.

Il a un duvet rayé ou tacheté avec des bandes noires et une croissance très rapide. L'œuf de caille est de forme ovoïde et peut mesurer 3 cm, sa largeur un peu moins de 2,5 cm. La couleur et le motif de l'œuf varient beaucoup d'une couche à l'autre. (Pigmentation de l'œuf).

Il faut reconnaître que la caille domestique présente des particularités qui la rendent supérieure en aviculture à tous les autres gallinacés connus ; le développement embryonnaire est d'environ 15 à 16 jours, il est donc extrêmement rapide, la ponte est très précoce et les individus sont adultes dès l'âge de cinq semaines. Dans des conditions d'éclairage particulières, le pourcentage de ponte est de 80 pour 100, soit environ 300 œufs par an pour chaque pondeuse en moyenne. Une caille femelle pond près de trois kilos d'œufs par an, soit 25 fois son propre poids, deux fois la production d'une poule pondeuse. En élevant un mâle avec deux ou trois femelles par cage, on peut compter environ 80 % d'œufs fertiles, de sorte que cinq générations par an sont possibles. Avant l'âge de 45 jours, une caille est comestible car elle pèse 120 g et n'a pas consommé plus de 500 grammes d'aliments.

ILLUSTRATIONS

1- Caractéristiques de la caille domestique adulte, la femelle à gauche a une poitrine tachetée de noir tandis que le mâle à droite a une poitrine bronzée.

2- Aspect des œufs, ils sont tachetés (pigmentation) et leur couleur est un trait distinctif de chaque femelle.

Unité 2

L'AMÉNAGEMENT DES INSTALLATIONS

À propos des installations

Il est conseillé de placer les cailles dans de très grands espaces où il y a un bon éclairage et un système de ventilation adéquat. Il faut noter que ce type d'oiseau ne nécessite pas vraiment un grand espace, contrairement à d'autres oiseaux comme les poulets, les poulets de chair, les dindes, etc.

Il y a différentes façons de s'organiser pour démarrer la production, si vous voulez commencer en grand et que vous avez assez d'animaux, alors je vous conseille de construire un hangar où vous pourrez placer une bonne quantité de cages sous forme de batteries, cette façon de s'organiser est beaucoup plus efficace, de cette façon vous gagnez assez d'espace. En outre, chaque batterie peut contenir 5 à 7 cages spéciales pour les pondeuses.

L' autre disposition particulière des cages que j'utilise est la forme linéaire ou horizontale, elles sont attachées aux poutres du toit et à chaque extrémité des cages, ce système s'est avéré très efficace lorsqu'il s'agit de placer la nourriture, de collecter les œufs et de nettoyer les déchets. Si nous comparons le travail avec les cages en batterie et les cages linéaires, il y a une grande différence, la première étant le ramassage des œufs, alors que la personne qui ramasse les œufs dans les cages en batterie doit le faire cage par cage, de haut en bas ou vice versa, celle qui le fait dans les cages horizontales est beaucoup plus efficace et rapide, et cela s'applique au placement de la nourriture et de l'eau. Par contre, si l'on regarde la partie nettoyage, les déchets tombent directement dans les canaux sous les cages, il faut préciser qu'il n'y a pas de bacs à déchets comme ceux utilisés dans les batteries, tous les déchets vont dans une fosse ou dans mon cas dans des canaux qui vont directement dans les égouts.

Comme on peut le voir sur les images suivantes, il y a des avantages et des inconvénients en termes d'organisation. Les batteries nous permettent de tirer le meilleur parti de l'établissement car elles ne prennent pas de place, tandis que les cages placées horizontalement la réduisent.

3- Cages pour cailles disposées en batteries pour maximiser l'utilisation de la maison.

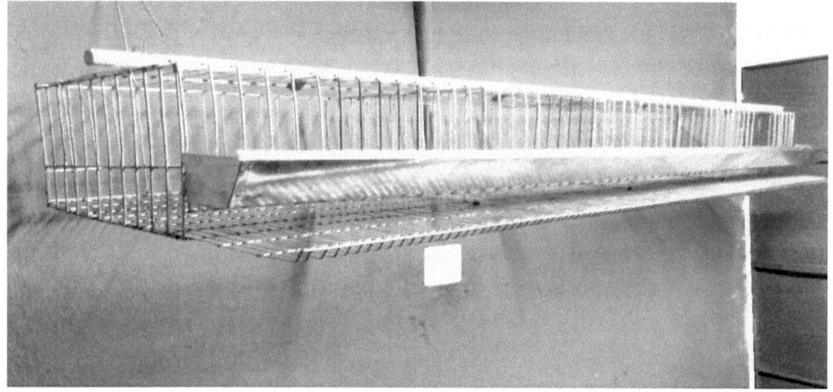

4- Cages à cailles disposées en lignes ou horizontalement, notez qu'elles sont entièrement suspendues au plafond et que le sol n'utilise pas de plateaux. Les excréments vont directement dans la carcasse.

Notez que les cages placées de cette manière nous permettent d'avoir un nombre de cailles par mètre carré inférieur à celui du système de batterie présenté sur la photo numéro 3.

Cette photo montre la manière correcte de construire un abri pour cailles.

de la circulation de l'air et de l'environnement.

La **caille *Coturnix* ou japonica** est un oiseau extrêmement sensible aux changements atmosphériques, c'est pourquoi il est recommandé d'avoir un climat idéal entre 20º en hiver et d'éviter tout changement brusque de température. D'autre part, lorsqu'il est temps pour les Cotupollos d'éclore, il est nécessaire d'avoir une pièce prête spécialement pour eux, les changements de température pendant l'incubation et au moment de les sortir de la couveuse doivent être maintenus presque similaires, c'est-à-dire que dans l'endroit où les oiseaux nouvellement éclos vont rester, il doit y avoir un environnement similaire à celui qu'ils viennent de quitter. Si, en revanche, les éclosions ne sont pas suffisamment réchauffées, elles peuvent être affectées au cours de la première semaine, entraînant un nombre considérable de décès.

Le Cotupollo est un oiseau extrêmement délicat dans ce sens, le contraire de ce qui précède, c'est que si la chaleur est générée en abondance, ils chercheront eux-mêmes à s'éloigner pour ne pas suffoquer, il faut donc un équilibre dans la température, ni trop froid ni trop chaud, curieusement, les poussins eux-mêmes nous montreront quand ils se sentent bien dans un endroit, il suffit d'observer leur comportement quotidien.

Dans le cas des cailles adultes, les installations doivent être climatisées, avec un bon éclairage et une circulation d'air adéquate. V. Rodrigo & B. Hugo 2007 (p. 21) ¨À l'intérieur de la maison, la température idéale se situe entre 13 et 23 ºC. La libre circulation de l'air doit être permise et la ventilation est contrôlée par des rideaux. La principale fonction de la ventilation est d'éliminer les gaz ammoniacaux et de contrôler la vapeur d'eau (humidité relative), afin de maintenir la température dans des limites tolérables pour l'oiseau. ¨

Comme on peut le voir, ces auteurs soulignent qu'il faut doser les courants d'air dans les poulaillers car cela permettra une plus grande évacuation de tout l'ammoniac produit par les excréments des oiseaux et en même temps ce contrôle nous aidera aussi à prévenir les éventuelles maladies qui peuvent survenir.

Du bon endroit pour les Cotupollos

Pour revenir au sujet de l'éclosion, on peut noter que dans la mesure du possible, l'asepsie doit être totale de la part du chef d'exploitation ou du personnel. Lorsque les poussins sortent du couvoir, il faut préparer une pièce suffisamment lumineuse et spacieuse où ils seront placés ; il ne faut pas qu'il y ait de coupure de courant, surtout dans les régions très froides, car l'oiseau n'est pas en mesure de supporter l'absence de chaleur pendant la phase initiale. En ce sens, s'il n'y a pas d'alimentation électrique stable, il est conseillé de prendre les précautions suivantes : disposer d'un générateur pour maintenir l'éclairage.

S'il n'y a pas de générateur et qu'il n'y a pas de température élevée à un moment critique, les poussins chercheront immédiatement à s'entasser pour se réchauffer, ce qui entraînera un taux de mortalité élevé. Pour éviter cette mauvaise expérience, je vous recommande ce qui suit :

a) Si une pièce doit être fournie, essayez de fermer tous les accès aux coins, sinon toutes les cailles chercheront à se rassembler dans l'un des coins au moment de la panne de courant et mourront par suffocation.

b) Chercher des moyens alternatifs pour générer de l'électricité de façon continue afin de maintenir les incubations et surtout la chaleur dans les Cotupollos.

c) Construisez une pièce circulaire ou, si vous avez un petit chenil, construisez des cloches où ils peuvent rester en sécurité et au chaud.

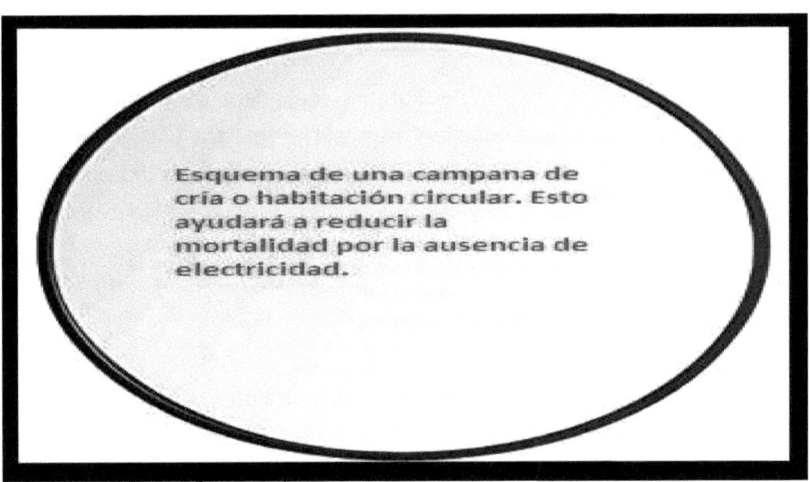

6- Salle circulaire avec système d'éclairage pour l'élevage de Cotupollo.

La base d'un bon élevage réside dans la construction d'installations appropriées. Ce simple secret, presque personne ne le connaît et certainement aucun éleveur ne vous le dira. Grâce à ce système, j'ai pu réduire à 95% les décès causés par une alimentation électrique déficiente. Le fait de suivre ces simples directives vous aidera dans votre processus d'élevage de Cotupollo.

Des cages pour les cailles

Il existe différents types de cages, comme les cages artisanales créées par des particuliers et les autres qui sont généralement utilisées pour l'élevage de cailles à grande échelle. Pour commencer un élevage et obtenir un espace optimal pour travailler, il est conseillé d'utiliser le système de cages fabriqué par les entreprises, son nom est le "Roll ***Away",*** elles sont construites en fil de fer avec électrosoudure, avec un espacement de 2,5 cm entre les fils pour que les oiseaux puissent se nourrir correctement, et de même le sol est construit avec le même matériau en laissant une petite ouverture de 10 mm qui permet le passage des excréments vers le plateau ou les carcasses. Ce type de cage est livré avec le plateau de collecte des œufs, dans certains cas avec une inclinaison de 5 degrés pour permettre un déplacement en douceur des œufs.

Jaula doble Roll Away con capacidad para 50

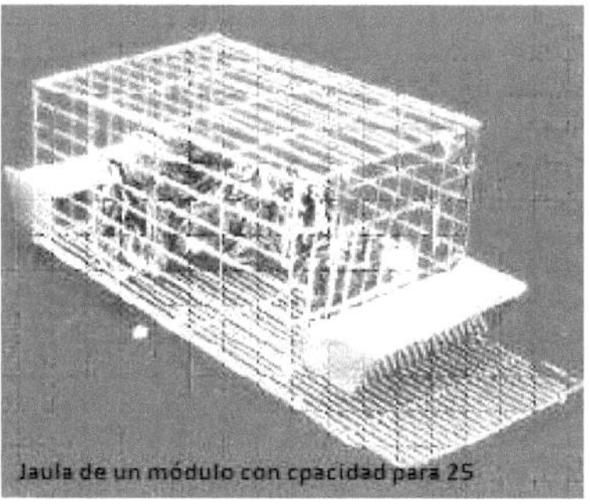

Jaula de un módulo con cpacidad para 25

7- La photo montre le type de cage utilisé pour la production d'œufs.

Les cages fabriquées dans les entreprises ont déjà une norme. En général, une cage mesure 100 cm de long, 50 cm de large et 25 cm de haut et peut accueillir 20 à 25 oiseaux adultes par module. De cette façon, la capacité peut être utilisée au maximum pour former des batteries et ainsi pouvoir mettre plus d'animaux par mètre carré. V. Rodrigo & B. Hugo 2007 (p. 24) ¨Les batteries sont composées de 15 cages empilées, formant 5 étages de 3 cages chacun, de sorte que les batteries abritent entre 225 et 300 cailles, selon le type de race utilisé ¨.

Personnellement, je ne mets jamais plus de 20 cailles dans chaque division car elles ont besoin d'espace, et il est toujours recommandé de ne pas les encombrer, surtout si ce sont des animaux reproducteurs. En plus du plateau de collecte des œufs, certaines cages sont déjà conçues avec un support à l'intérieur du plancher qui sert de support au plateau de collecte des fientes au cas où vous voudriez l'utiliser pour former des batteries, empêchant ainsi les fientes des cages supérieures de tomber sur les cages inférieures. L'ensemble de la cage est conçu de manière à ce que l'alimentation et l'eau n'entrent pas en contact avec les fientes des cailles ou les excréments des cailles.

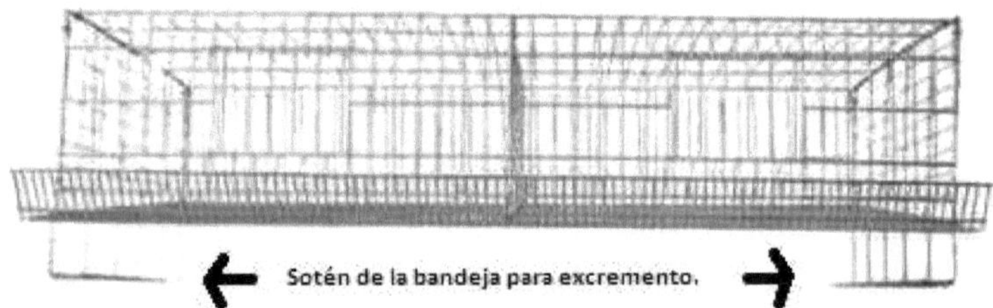

8- Partie inférieure de la cage à cailles, contenant le bac de récupération des fientes.

9- Cages disposées en forme de batteries.

Des fontaines d'eau potable

Les abreuvoirs sont généralement en plastique car ce matériau permet d'éliminer la corrosion générée par l'eau lorsqu'on utilise des abreuvoirs en métal, ce que je ne recommande pas du tout.

Types de fontaines à boire

Les plus couramment utilisés dans les petites exploitations ou les fermes familiales sont linéaires ou nervurés et peuvent être placés sur toute la longueur de la cage, à l'arrière de celle-ci. L'autre système d'abreuvement utilisé chez les cailles adultes est le système de goutte à goutte où l'oiseau place son bec juste au-dessus de la goutte d'eau qui sort d'une valve et ingère ce qui est nécessaire pour rester hydraté. Ce type d'abreuvoir est alimenté par un système de tuyaux reliés à un réservoir où l'eau s'écoule par gravité. L'oiseau touche la petite valve et libère automatiquement le liquide. Les avantages de ce système sont que l'eau reste propre. Enfin, dans le cas des Cotupollos, les abreuvoirs utilisés sont de type gobelet, cela permet au bébé oiseau de ne pas entrer dans l'eau mais plutôt d'ingérer ce qui est nécessaire, il faut noter que ce type d'abreuvoir est l'un des plus sûrs qui existent pour les poussins.

Des mangeoires

Il existe une grande variété de mangeoires ainsi que d'abreuvoirs, mais l'une des plus utilisées sont les mangeoires linéaires ou à canal, qui sont fabriquées en aluminium, en acier inoxydable, en zinc ou en plastique, et dont les dimensions varient en fonction de l'âge des animaux. Au niveau macro, les distributeurs d'aliments appelés trémies sont chargés d'approvisionner chaque maison au moyen de systèmes mécanisés qui fournissent des aliments de manière contrôlée.

Équipement	Mangeoire cannelée 32 oiseaux / mètre linéaire. Abreuvoir cannelé 32 oiseaux / mètre linéaire. Abreuvoir pour 6 oiseaux.
Densité	60 / 64 oiseaux / m² à chaque étage. 10 à 16 oiseaux par compartiment.

Tableau tiré du livre Enterprise Field Management p. 28

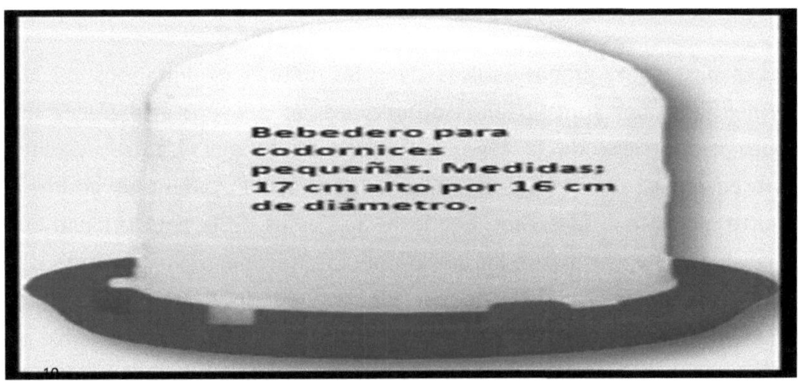

11- Buvette pour Cotupollos.

12- Abreuvoirs automatiques.

Bebederos de plásticos tipo canoa para codornices adultas.

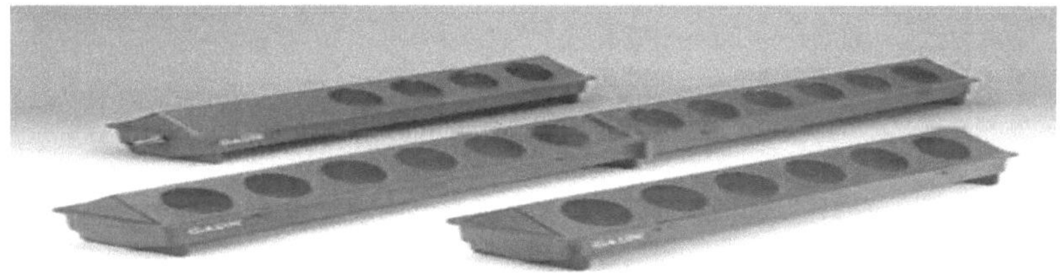

13- Les abreuvoirs en plastique peuvent également être utilisés comme mangeoires à la place des classiques abreuvoirs en métal.

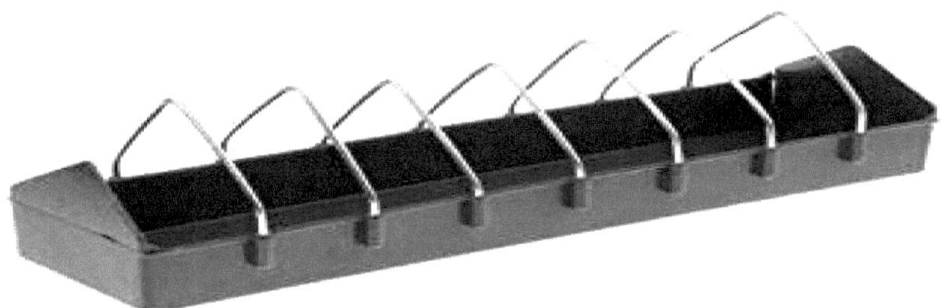

14- Mangeoire pour cailles adultes.

15- Mangeoire pour Cotupollos.

Caille *:* bébé caille, généralement âgé de 3 semaines maximum.

Unité 3

LA NUTRITION DES CAILLES

Il est de la plus haute importance de bien nourrir les oiseaux, car cela est essentiel pour obtenir un bon résultat lors de la collecte des œufs et de la croissance rapide des Cotupollos. La caille Coturnix ou japonica a besoin d'une alimentation spéciale pour son développement, comme je l'ai déjà dit, pendant la phase initiale, les poussins sont très sensibles aux changements de température, mais un autre facteur qui a un impact et qui est très délicat pour eux est l'alimentation, sûrement le moment le plus critique car n'importe quel type d'alimentation ne fera pas l'affaire. Pour ceux qui se lancent pour la première fois dans le monde de l'élevage de cailles, il est nécessaire de bien connaître les besoins nutritionnels ; pour la caille nouvellement éclose, l'aliment clé pour son développement rapide est le " starter vitaminé ", un Cotupollo au moment de l'éclosion la seule chose dont il a besoin est une graisse abondante car ce que nous voulons c'est la croissance et le maintien jusqu'à son stade adulte. Le type de nourriture que j'utilise est ¨Souto Vitaminado starter¨, sûrement dans d'autres pays cette société produit ce produit, je le recommande fortement.

Pour les cailles adultes pondeuses commerciales, il faut beaucoup de fibres dans l'alimentation et pas tellement de graisses, sinon si nousles préparons pour l'engraissement, à ce moment-là, nous aurions déjà des cailles pour la consommation humaine. G. Lucotte 1985 (p. 29) indique ce qui suit : " Les besoins nutritionnels sont différents pour les poulets de caille, les cailles de chair et les reproducteurs...¨ Cela montre les besoins nutritionnels différents pour chaque type d'oiseau. Beaucoup de gens font l'erreur de donner le même type d'aliment pour toutes les cailles, et il n'est pas conseillé de le faire.

> ...Dans le cas des cailles, la ration doit couvrir les besoins de croissance et d'entretien ; dans le cas des cailles de chair, elle doit couvrir la prise de poids supplémentaire et l'entretien ; enfin, dans le cas des reproducteurs, elle doit couvrir les besoins de reproduction et de ponte ainsi que les besoins d'entretien. (Page 29)

Dans les trois parties, la teneur énergétique de l'alimentation dépendra beaucoup de la composition, mais surtout des produits chimiques utilisés et notamment de l'antibiotique utilisé dans l'alimentation des poussins. G. Lucotte 1985 (p. 30) indique qu'il existe trois types d'aliments commerciaux pour les éleveurs ¨...Il sera très intéressant pour l'éleveur d'utiliser des aliments commerciaux. Il existe trois types d'aliments dans le commerce, les aliments pour les poulets de caille, les aliments pour les cailles de chair et les aliments pour les éleveurs.¨.

Pendant les 4 premières semaines, les cailles consomment le starter vitaminé, je recommande de faire la transition du starter à l'aliment pour poules pondeuses après 4 semaines, en mélangeant les deux aliments chaque jour avec une proportion plus élevée pour les poules pondeuses. Dans ce sens, il est nécessaire de souligner qu'une fois que les cailles sont en phase de ponte, l'alimentation qui leur est fournie ne doit pas être changée pour une autre marque, elle doit être continue jusqu'à la fin du cycle de ponte, si le même type d'alimentation qui leur est donné est brusquement interrompu à partir de la 5ème semaine pour un autre, elles cesseront automatiquement de pondre pendant environ 15 jours jusqu'à ce qu'elles s'adaptent à la nouvelle alimentation. Si, pour quelque raison que ce soit, vous devez modifier l'alimentation des cailles pondeuses, n'oubliez pas que ce changement doit être progressif et non direct.

> Le passage de l'aliment pour poules à l'aliment pour cailles d'engraissement doit se faire progressivement sur plusieurs jours, en passant de deux parts d'aliment pour poules à une part d'aliment d'engraissement, puis d'une part d'aliment pour poules à deux parts d'aliment d'engraissement, et enfin uniquement d'aliment d'engraissement. Pendant les trente jours d'engraissement, la caille doit être littéralement alimentée en nourriture pour atteindre son poids le plus rapidement possible. (Page 31)

Comme vous pouvez le lire, la transition vers un autre aliment doit être progressive, il ne doit jamais y avoir de changement total, sauf s'il s'agit d'un oiseau d'engraissement ou simplement du passage du stade de bébé cailles à celui de pondeuse, ceci s'applique également aux oiseaux pondeurs, si vous ne vous sentez pas à l'aise avec un certain aliment ou simplement si vous ne trouvez pas une certaine marque sur le marché pour une raison quelconque et que vous voulez que vos cailles continuent à pondre, alors vous devez avoir un bon stock de l'aliment que vous utilisez et commencer le changement vers le nouveau de manière progressive.

L'aliment "ponedora" régulièrement utilisé ici au Venezuela pour l'élevage de cailles est l'aliment en poudre d'Alimentos La Caridad, ainsi que l'aliment pour cailles Protinal ou le ponedora en poudre Souto. Il existe d'autres marques, mais en raison des problèmes des entreprises pour produire les aliments pour animaux, causés par le manque de devises et la détérioration économique, ces produits sont devenus rares, de nombreuses exploitations ont dû cesser définitivement leurs activités.

Vous trouverez ci-dessous un tableau des besoins nécessaires à l'alimentation des volailles, ce tableau est tiré d'une recherche effectuée par G. Lucotte dans son livre sur l'élevage des cailles.

	Croissance	**Enrichissement**	**Reproduction**
Énergie métabolisable, calories / kg ----------------------------------	2.820	2.820	2.800
Protéines brutes, % --------------	28,1	24	22,1
Matières grasses, % -------------	3,4	3,2	3,2
Cellulose, % ------------------------	4,1	4,1	3,5
Phosphore assimilable, % ----------	0,67	0,50	0,44
Calcio ------------------------------	1,26	1,03	2,10

Tableau des besoins nutritionnels moyens des poulets de caille, des cailles de chair et des pondeuses.

Une caille adulte peut consommer un total de 22 grammes d'aliments par jour. Comme vous pouvez le constater, la caille Coturnix Coturnix ou japonica est un oiseau extrêmement économique à élever, c'est pourquoi de nombreuses personnes sont attirées par la création d'un élevage à des fins commerciales, cela représente un excellent business car il laisse une grande marge de profit.

Aliments pour animaux *:* aliments secs donnés aux animaux.

Unité 4

TAXONOMIE DU COTURNIX COTURNIX

On parle beaucoup de la classification des cailles, mais la vérité est qu'il n'est pas du tout facile de reconnaître le mâle et la femelle, même chez les éleveurs de cailles expérimentés. Pour commencer, la première chose à dire est qu'il existe différents types de sexage ; par la couleur du plumage, par l'aile et le cloaque, ce sont en principe les plus utilisés par les éleveurs.

Sexage par la couleur des plumes.

Cette méthode de classification de l'animal est visible à l'œil nu, car le mâle a des plumes rouges couleur cannelle sur toute la poitrine, ceci est accompagné de mentons qui sont presque toujours de la même couleur, son poids est d'environ 100 grammes et dans la partie supérieure du cloaque il a une glande séminale rougeâtre qui lorsqu'elle est pressée libère immédiatement une sorte de mousse blanche, qui est le sperme. Le chant profond du mâle est un autre trait caractéristique, tout comme son hyperactivité sexuelle. Cependant, la femelle a tendance à être un peu plus docile, elle pèse environ 120 grammes et son plumage de poitrine est entièrement gris avec des taches noires. Contrairement au mâle, elle n'a pas de plumage rouge cannelle et son chant est imperceptible.

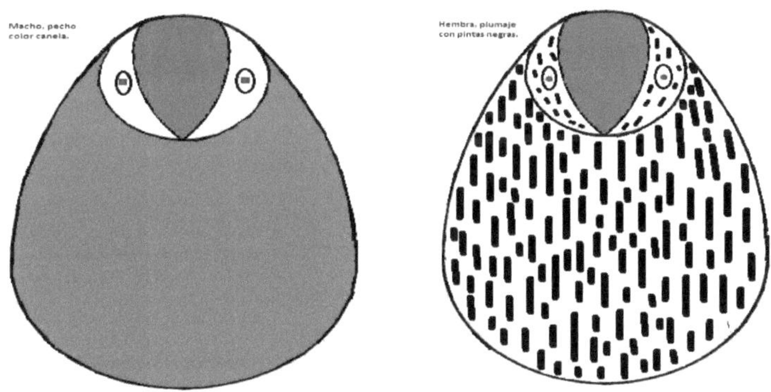

16- A gauche, le mâle à la poitrine rouge et la femelle à droite avec des taches noires.

Sexage des ailes.

Cette méthode de détermination du sexe de l'oiseau est l'une des plus pratiques, avec un taux d'erreur de 95 % seulement lorsqu'il s'agit de les classer. Il suffit de prendre une aile par le bout et de l'écarter, puis de vérifier la parité du duvet sur le dos de l'aile. En ce sens, les femelles à la naissance ont les plumes de la partie supérieure plus courtes que celles de la partie inférieure, c'est-à-dire qu'elles forment une sorte de double ligne en forme d'escalier, qui reste inchangée jusqu'à l'âge adulte. Dans le cas contraire, nous avons le mâle, qui maintient la même longueur des duvets de la naissance à l'âge adulte ou simplement les duvets supérieurs dépassent les duvets inférieurs, c'est-à-dire que les duvets supérieurs ne sont pas disposés en forme d'échelle mais les duvets supérieurs sont de la même longueur que les duvets inférieurs ou les dépassent.

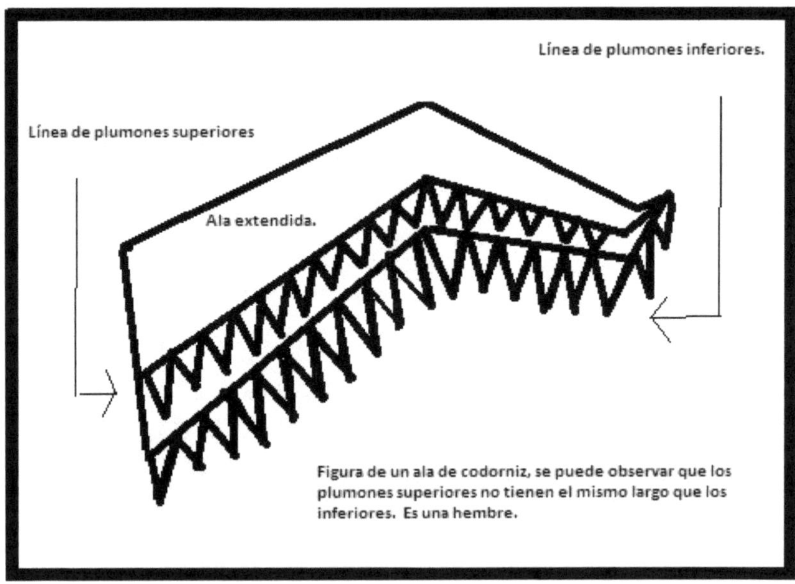

17- Aile déployée de la caille femelle.

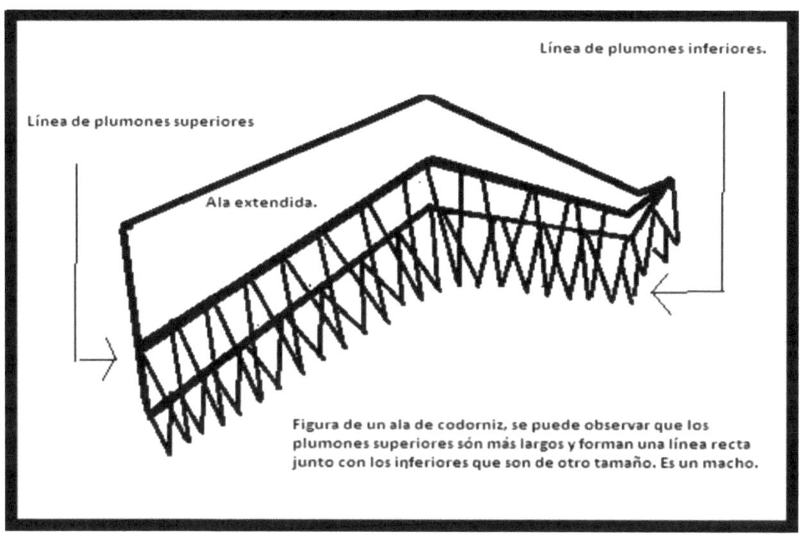

18- Aile déployée d'une caille mâle.

Le sexe dans les égouts.

Ce type de classement est un peu plus compliqué car il nécessite une grande acuité visuelle et tout le monde ne peut pas effectuer cette procédure. La plupart des éleveurs ne sont pas très enclins à le divulguer, car beaucoup d'entre eux veulent garder ce type de classification secret. Vous trouverez ci-dessous quelques chiffres montrant les caractéristiques de l'homme et de la femme qui sont d'une grande importance.

Dans le cas des femelles nouveau-nées, lorsque le cloaque est vérifié, on peut remarquer une sorte de "U" sur leurs organes génitaux, tandis que le mâle présente une sorte de "Y" ou de bec sur ses organes génitaux.

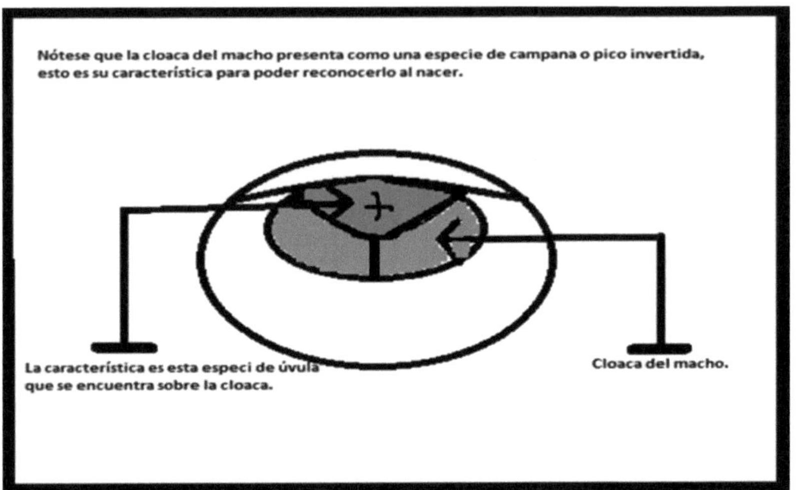

19- Caille mâle.

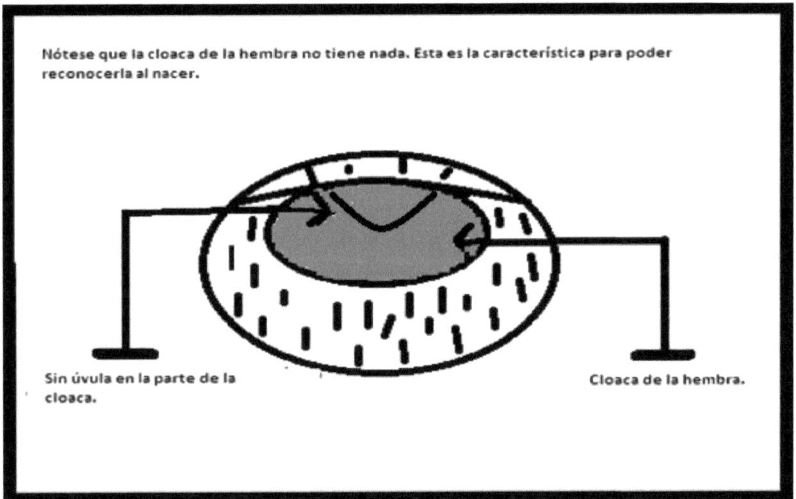

20- Caille femelle.

Unité 5

SUR LA REPRODUCTION

L'élevage et la sélection des reproducteurs.

Pour obtenir un bon cheptel reproducteur, de nombreux facteurs sont nécessaires, l'un des plus importants étant le type de mâle ou de poulain à utiliser, qui doit être un oiseau en bonne condition physique. D'autre part, l'alimentation est extrêmement importante car l'énergie du mâle est nécessaire pour l'accouplement, et sans une bonne alimentation, la fertilité des œufs ne sera pas garantie au moment de l'incubation. Dans de nombreux cas, les cailles sont sélectionnées par des éleveurs qui vont jusqu'à les marquer par âge, poids et condition au moyen d'un pedigree. Dans ce qui suit, G. Lucotte décrit la procédure de sélection des oiseaux reproducteurs.

> Le succès d'une sélection dépend, en principe, de la qualité des reproducteurs, qui doivent être achetés auprès d'un sélectionneur spécialisé dans la production de souches à haut rendement. En effet, la production de souches nécessite une installation particulière et un travail intensif ; les conditions idéales sont réunies lorsque l'éleveur fait de la sélection généalogique, et que chaque généalogie est suivie individuellement, ce qui implique la pose de bagues aux adultes et aux poussins, ainsi que le marquage des œufs... (p. 37).

Grâce à cette méthode, on peut déterminer qu'une grande partie des éleveurs surveillent constamment les oiseaux pour assurer une bonne reproduction, ce qui se traduira par un pourcentage élevé de fertilité des œufs et un taux d'éclosion élevé.

Métissage entre personnes de même sang.

Les accouplements entre oiseaux de la même famille doivent être évités par tous les moyens possibles, car ils entraînent presque toujours des malformations ou une dégénérescence génétique : cailles au bec tordu, sans yeux, aux pattes tordues, etc. Souvent, en raison d'un manque de contrôle adéquat dans les modules adultes, un croisement entre les parents et la progéniture ou entre frères et sœurs est créé, ce qui donne des cailles à problèmes. Les recommandations générales pour éviter ce problème sont de contrôler le taux de natalité et les groupes familiaux, faute de quoi le risque d'un pourcentage élevé de mortalité pendant le développement embryonnaire, l'éclosion et la diminution de la production d'œufs augmente.

Comportement masculin.

Le mâle est un animal très territorial et très agressif envers ses congénères du même sexe. Il est également sexuellement actif, s'accouplant plusieurs fois avec la même femelle ou avec un certain nombre de femelles de son environnement. G. Lucotte 1985 (p.38) affirme que¨...lorsque plusieurs mâles sont élevés ensemble, une hiérarchie s'établit entre eux. Le mâle dominant a la priorité sur les mâles dominés pour tous les avantages ; se nourrir, boire, s'accoupler avec les femelles...¨¨.

Lorsqu'ils se battent entre eux pour la domination territoriale, ils s'infligent généralement des blessures aux yeux, aux organes génitaux, à la tête, et perdent même des plumes, ce qui entraîne la mort dans de nombreux cas. En revanche, lors de l'accouplement, le mâle attrape généralement la femelle par la tête à l'aide de son bec et se perche sur son dos, puis rapproche son cloaque de celui de la femelle. Tout cela se passe en quelques secondes, le mâle dominant attrape la première femelle qu'il a à sa disposition et la force à lui permettre de la monter.

Le niveau de fertilité et d'organisation des modules.

La capacité d'accouplement de chaque mâle est inépuisable, généralement pour obtenir un bon résultat d'éclosion chaque mâle peut supporter un maximum de 5 femelles, avec cette quantité le pourcentage de fécondité est relativement élevé alors que si le nombre de femelles par mâle est réduit, ce pourcentage augmente à presque 100%. De nombreux éleveurs conseillent d'utiliser 3 femelles par mâle, ce qui n'est pas critiquable car ce qu'ils veulent, c'est obtenir un niveau élevé d'éclosion, mais l'usure des femelles causée par l'activité sexuelle du mâle est considérable.

Dans ce sens, il est possible de développer différentes manières d'organiser les modules afin d'obtenir un bon résultat de naissance. Le premier cas est le suivant :

a) **Modules** individuels : c'est la méthode la plus courante dans les couvoirs à faible quantité et à usage non commercial, sa caractéristique est simple, un mâle et une femelle déterminent le haut niveau de fécondité, le mâle est placé le matin et retiré après environ 30 minutes chaque jour, cela permet également de vérifier si c'est un bon reproducteur ou si au contraire il doit être remplacé par un plus jeune.
b) **Modules collectifs**. Dans chacun des deux modules qui composent une cage à ***roulettes,*** on peut loger un maximum de 30 oiseaux, c'est-à-dire que l'on introduit 20 femelles avec 10 mâles afin de garantir un pourcentage régulier de fertilité. Ce système est utilisé dans les élevages de haut niveau, car le nombre d'animaux est plus élevé que dans les petits élevages et l'individualisation des couples est pratiquement impossible. Les effets négatifs de ce type de procédure collective sont la forte probabilité de rivalité entre les mâles.
c) **Module en petits groupes**. Cette procédure est utilisée avec un nombre de 3 à 5 femelles par mâle dans un petit espace de module, cela évite les combats entre les mâles et augmente le niveau de fécondité par rapport au module utilisé de manière collective.

Autres caractéristiques des joueurs.

Pour la sélection d'un bon éleveur, il est nécessaire de mettre en évidence les caractéristiques suivantes qui, selon Vasquez et Ballesters 2007 (p. 34), sont exposées ci-dessous :

Mâles : de forte corpulence et bien proportionnés, vifs, avec un plumage complet et en bonne condition. Plumes de couleur sombre et poitrine cannelle. Aussi intense que possible. Bec noir, appareil génital avec une protubérance rougeâtre, de la taille d'un pois chiche.

Femelles : bien proportionnées et avec un plumage foncé, plein et brillant. Cou allongé et petite tête.

Le cheptel reproducteur est, si possible, renouvelé chaque année.

Cycle de vie

Il s'agit de la période entre l'éclosion de la caille et la fin de sa production d'œufs, qui se compose de trois étapes :

- Reproduction de 0 à 3 semaines d'âge ; à ce stade, la gestion de la phase de reproduction est définitive.
- Levée : 4 à 7 semaines d'âge.
- Posture : de 8 à 60 semaines d'âge.

Pour obtenir un bon résultat dans la production d'œufs et de cailles, il faut tenir compte, entre autres, de la température ambiante, d'un espace adéquat, d'une bonne alimentation, du temps de stockage des œufs avant l'incubation, des conditions physiques des géniteurs, etc. Tous ces détails permettent de développer efficacement un bon stock de géniteurs.

Sur la naissance des cotupollos.

Lors du processus de collecte des œufs fertiles, il est important de tenir compte de la formation des œufs et surtout de la période de stockage des œufs. La période d'incubation est de 16 jours à partir du jour de la ponte dans la couveuse, l'éclosion commençant dans de nombreux cas dès la veille de la date prévue. Tout ce processus se déroule dans des conditions normales, c'est-à-dire que le temps de collecte des œufs fertiles ne doitpas dépasser le nombre de jours stipulé.

Heure de la collecte des œufs fertiles.

Le temps de collecte idéal pour les placer dans l'incubateur est de 5 jours maximum, il n'est pas recommandé de dépasser ce délai.

En incubation

L'incubation la plus couramment utilisée par les éleveurs amateurs et professionnels est l'incubation par couveuse, qui est un système d'incubation artificielle et qui varie par le nombre d'œufs utilisés et leur capacité. Les incubateurs sont le plus souventélectriques, mais des incubateurs à gaz ou à paraffine sont également utilisés. Le principal facteur à souligner est que les couveuses viennent remplacer l'oiseau pendant tout le processus de gestation, la mère artificielle ou la couveuse doit maintenir toutes les conditions internes telles que : le niveau d'humidité adéquat, la température (de 37º à 38º) et la ventilation pour un bon développement embryonnaire.

> Température : Dans les incubateurs verticaux, la température doit être comprise entre 37,5° et 38°. La température dans les incubateurs horizontaux doit être légèrement plus élevée, jusqu'à 39°C, en raison des pertes de chaleur.
>
> Humidité : dans les deux cas, l'humidité doit être de 40 à 50 pour 100.
>
> Ventilation : les incubateurs verticaux et horizontaux se différencient également par le mode de ventilation, alors que dans le premier type la circulation de l'air se fait par des trous de ventilation, dans le second type l'air est brassé mécaniquement à l'intérieur de l'appareil et il s'agit alors d'une ventilation dynamique. Lucotte G. (p. 55/56)

Œufs dans la couveuse.

Pendant le processus de collecte et avant l'incubation, les œufs de caille doivent être soigneusement étalés sur le plateau, car ils sont très fragiles et il faut vérifier que la coquille n'est pas fendue pour éviter de contaminer l'incubateur. Cela est souvent dû à une mauvaise manipulation ou simplement au poids des derniers œufs sur le fond pendant le stockage, ce qui les fait craquer.

Sélection des œufs à couver.

Les meilleurs œufs à couver sont ceux dont la coquille est très brillante et très pigmentée. Les œufs présentant des fissures ou un pourcentage élevé de fragilité lors de la manipulation doivent être jetés. Ces derniers sont reconnaissables à leur couleur pâle ou blanchâtre ou simplement à l'absence de coquille au moment de la collecte, qui est due à un manque de calcium.

Les 3 premiers jours.

Pendant cette période, l'incubateur ne doit pas être ouvert du tout car le processus de développement de l'embryon commence.

Procédure d'incubation.

Une fois que la couveuse a été ouverte le troisième jour, il faut la laisser complètement ouverte pour que les œufs puissent être aérés. Il ne faut pas oublier que l'on remplace la mère par une couveuse et que l'on doit se rapprocher le plus possible du processus naturel d'incubation d'une poule. Pour retourner les œufs de caille et si la couveuse n'est pas équipée d'un mécanisme de retournement automatique, il suffit de poser la main dessus très délicatement et de commencer à faire des cercles pour les faire tourner. Ce processus peut être effectué toutes les 3 heures pendant la journée ou le matin, à midi et le soir.

Revue du développement embryonnaire.

Pour vérifier que l'ovule est formé et qu'il a été inséminé par le mâle le 10e jour, on peut le contrôler à l'aide d'un ovoscope. La procédure est très simple : si les ovules sont transparents à la lumière pendant ces dix jours, cela signifie qu'ils n'ont pas été fécondés, mais si, au contraire, on peut voir la formation de terminaisons sanguines, cela signifie que l'embryon s'est formé.

Dans des conditions normales d'incubation, il existe deux types de mortalité embryonnaire, la première, importante, pendant les premiers jours de développement, et la seconde, moins importante, pendant les derniers jours.

La mortalité des coquilles dans les derniers stades du développement et l'allongement de la période d'incubation sont des signes caractéristiques du non-respect de la température et de l'humidité au moment de l'incubation ou de l'éclosion. Il en est de même pour certaines anomalies chez les poussins de cailles (coquille collée au duvet, pattes écartées, orteils crochus) dont le nombre excessif doit alerter l'éleveur. Lucotte G (p. 58)

De l'éclosion et de la naissance.

Entre le moment du mirage et le 14ème jour, le processus de développement embryonnaire est vital et, par conséquent, après ce dernier jour, les œufs ne doivent pas être touchés jusqu'au début de l'éclosion. Il convient de noter que la couveuse doit contenir suffisamment d'eau dans le plateau pour assurer l'humidité nécessaire. A la fin du processus d'incubation, un éclosoir doit être disponible pour permettre le passage des cotuplets nouvellement éclos afin de maintenir leur température et d'éviter la contamination de l'incubateur.

Entretien interne des couvoirs.

L' écloserie doit être totalement aseptique, ce qui empêchera toute bactérie de réduire ou d'endommager l'éclosion. L'utilisation de créoline est recommandée pour la désinfection après chaque éclosion.

Unité 6

PRODUCTION D'ŒUFS

La productivité des femmes

La caille est un animal très productif et économique en consommation d'aliments, son cycle de production est étonnant, pouvant durer jusqu'à un an à partir du premier œuf pondu à la semaine 7. Les bonnes performances sont obtenues jusqu'aux 6 ou 7 premiers mois, après cette période, la ponte commence à baisser un peu, cependant de nombreux éleveurs les laissent jusqu'à l'âge d'un an et même plus. Cette dernière solution n'est pas conseillée, car il n'est pas rentable pour notre bénéfice commercial de nourrir un oiseau sans obtenir le bénéfice principal, à savoir l'œuf.

Éclairage à l'intérieur de l'abri.

Afin d'obtenir un bon résultat au moment de la collecte quotidienne des œufs, la plupart des éleveurs laissent les ampoules allumées toute la nuit, mais cela peut aussi accélérer la détérioration de l'oiseau car il n'a pas de période de repos relatif. D'excellents résultats peuvent être obtenus même sans lumière artificielle, celles-ci sont éteintes de 22 heures à 5 heures du matin et les performances sont optimales.

Température ambiante.

C'est un élément très important de la production d'œufs. Des températures irrégulières entraînent une diminution de la ponte quotidienne, la perte des plumes, etc. L'environnement idéal pour les cailles se situe entre 18º et 22º tout au long de l'année sans variations.

Une bonne nutrition.

L 'alimentation est une autre partie importante de l'élevage des cailles, chez l'animal adulte comme spécifié au début de ce livre, un niveau élevé d'alimentation est nécessaire pour une production élevée d'œufs. À cet égard, toutes les mangeoires doivent être maintenues en abondance, sinon les pondeuses seront stressées ou désespérément à la recherche de nourriture et le pourcentage de ponte quotidien chutera de façon spectaculaire, entraînant une perte d'argent.

Ramassage des œufs.

Il s'agit d'un processus très délicat, qui est généralement effectué quotidiennement et chaque matin par le personnel qui s'occupe d'eux. Vers la fin de la journée, les oiseaux commencent leur cycle de ponte, il n'est donc pas recommandé d'avoir un contact direct avec eux pendant cette période. En revanche, les œufs ramassés le matin doivent être déposés dans des récipients spéciaux, tels que des boîtes avec un fond en caoutchouc mousse ou des boîtes spéciales pour les œufs de caille, afin d'éviter que leur propre poids ne fasse éclater la coquille extrêmement fragile.

Les images suivantes montrent les récipients utilisés pour stocker les œufs en toute sécurité. Le matériau utilisé est le plastique, il a la forme et la taille idéales pour garantir leur conservation.

Estuche de plástico para huevos de codorniz.

21- Cas particulier pour la conservation des œufs de caille.

22- Les cas sont vus verticalement.

Unité 7

L'ÉLEVAGE DU COTUPOLL

Données sur la naissance du cotupollo.

Cette procédure ne doit pas alarmer les personnes qui se lancent pour la première fois dans l'élevage de cailles, car l'oiseau nouvellement éclos dispose d'une réserve appelée (***vitellus***) qui est capable de supporter cette période sans nourriture. L'objectif est de permettre à la caille de se remettre de l'éclosion pendant que son plumage se dessèche lentement. Enfin, après l'éclosion et après 24 heures, il faut les hydrater avec une solution (***sérum***) avant de les nourrir. Ce dernier point ne doit pas être ignoré !

Le cotupollo doit également recevoir une très bonne alimentation si l'on veut obtenir une croissance accélérée. La première semaine est vitale car c'est à cette période que l'oiseau perd son duvet et commence à se transformer en plumes. L'aliment (starter) doit être entièrement vitaminé car cet oiseau est très délicat dans sa phase de croissance et toute alimentation de mauvaise qualité entraîne une mort prématurée, il faut donc faire attention à cette partie.

Façons d'élever le cotupollo.

Il existe deux façons d'élever des poussins de caille, l'une est la méthode artisanale, l'autre est celle qui consiste à disposer d'un stock de reproduction considérable pour une commercialisation à grande échelle. Dans le premier cas, il est très courant de voir des personnes mettre des poussins de cailles dans une petite poule, mais cette méthode est un peu dangereuse, car la poule ne reconnaît presque jamais les cotupolls et peut même les tuer. La deuxième méthode est la plus recommandée et est utilisée dans les écloseries à grande échelle. Au moment de l'éclosion, le cotupollo est placé dans des pièces éclairées ou, comme mentionné ci-dessus, la construction d'une hotte de couvaison pour conserver la chaleur, qui doit être circulaire. De plus, le sol doit être recouvert d'une enveloppe de riz afin de garder les cailles au sec et au chaud à tout moment.

23 - Cotupollos avec 24 heures de vie.

Défauts de naissance.

Certains poussins naissent avec des anomalies entraînant leur mort. D'après notre expérience, il s'agit presque toujours d'un problème génétique causé par le mélange du même sang. Dans d'autres cas, par exemple, les pattes de la caille se raidissent ou sa tête se tourne simplement vers l'arrière, ce qui l'empêche de garder son équilibre.

Unité 8

CAILLES POUR LA CONSOMMATION HUMAINE

La caille est l'un des oiseaux les plus rentables qui existent, elle occupe peu d'espace et est très rentable économiquement, non seulement pour la production et la commercialisation des œufs, mais aussi pour sa viande, bien qu'en raison de ses caractéristiques physiques elle n'atteigne pas le poids d'un poulet de chair, elle est destinée à l'abattage en raison de son goût très particulier. En Europe et en Asie, elles sont un mets délicat, c'est pourquoi on les élève à deux fins, pour la production d'œufs au niveau commercial et pour l'engraissement, dans ce dernier cas, la Coturnix Coturnix peut peser entre 150 et 180 grammes en fonction de son alimentation et des conditions démographiques, tout comme les poules pondeuses, ces dernières peuvent être élevées au sol ou dans des cages placées sous forme de batteries, ce qui changerait est le type d'alimentation à utiliser (*engraissement moulu vitaminé*).

> Selon Lucotte (1976 p. 71), des aliments de différentes compositions peuvent être utilisés pour l'engraissement, permettant, selon les cas, soit d'économiser l'alimentation, soit d'accélérer le développement des animaux, soit les deux à la fois.

Il y a deux façons d'engraisser une caille japonaise, l'une des plus courantes est de les mettre sur le sol comme n'importe quelle autre volaille, l'autre est dans des cages placées en batterie comme des couches. Pour l'engraissement au sol Lucotte 1976 souligne que ¨Il permet le développement des muscles et la vivacité des animaux...ce type d'élevage nécessite une surface très importante.

D'autre part, les géniteurs en cage sont le moyen le plus approprié pour engraisser les cailles car ils nécessitent moins d'espace pour leur développement. Lucotte 1976 précise que "sur le plan des dimensions, l'utilisation des batteries est la même que pour les reproducteurs. Le dispositif d'***enroulement*** est probablement inutile. Ce type d'élevage permet un gain considérable d'espace au sol dans les salles.

La viande de caille est très nutritive mais en Amérique il n'y a pas de culture gastronomique avec cet oiseau, sous ces latitudes il semble être quelque chose de très select et sa consommation est réservée uniquement dans les restaurants, contrairement à l'Europe où la consommation *par habitant* est élevée, dans notre continent elle est occasionnelle.

Transformation de la viande

Eviscération : la caille peut être commercialisée entière ou sans les entrailles, selon la demande et les conditions entre le producteur et le distributeur.

Conservation : après avoir été abattus et préparés, ils peuvent être conservés dans un endroit à basse température, comme une chambre froide ou un congélateur, ce qui les empêchera de se décomposer.

Conditionnement : pour des raisons de conservation et de commodité, les cailles peuvent être placées dans des récipients en plastique pour le transport.

RECOMMANDATIONS GÉNÉRALES

De nombreux facteurs doivent être pris en considération lors de l'élevage de la caille japonica. Bien que la caille soit un animal très rentable à tous égards et résistant aux maladies, il faut tenir compte des éléments suivants :

1- Maintenez un espace aussi grand que possible et bien conditionné pour l'élevage de l'oiseau.
2- Maintenir l'hygiène dans les locaux.
3- Fournissez une bonne alimentation aux Cotupolls et aux oiseaux adultes.
4- Construire des cloches pour le levage des Cotupollos.
5- Fournissez des mangeoires et des abreuvoirs adaptés aux cailles.
6- Dans le cas des Cotupollos et en cas de coupure de courant, il ne faut laisser aucun abreuvoir à l'intérieur de la hotte car ils s'y entassent à la recherche d'une source de lumière et meurent par noyade.
7- Un générateur électrique doit être disponible pour fournir de la chaleur à l'incubateur et dans la hotte.
8- Ayez un sachet de Sérum Osmolaire lors de chaque accouchement, si vous ne l'avez pas, préparez un litre d'eau et ajoutez 3 cuillères à soupe de sel avec 1 ½ demi-cuillère à café de sucre.
9- Retournez les œufs dans la couveuse 3 fois par jour ou plus.
10- Les plateaux doivent contenir suffisamment d'eau afin de maintenir une bonne humidité à l'intérieur de l'incubateur.
11- Les œufs fêlés, petits, déficients en calcium et déformés doivent être jetés à l'éclosion.
12- La couveuse doit être désinfectée à chaque naissance.
13- Pour une bonne désinfection, utilisez du chlore ou de l'eau de Javel.
14- Vérifiez toujours la température dans les incubateurs.
15- Évitez de déplacer les reproducteurs de leur emplacement, car cela provoque une chute de la ponte.

16- Les cailles adultes doivent disposer d'un bon espace pour leur permettre de se déplacer sans difficulté dans la cage et éviter ainsi la propagation des maladies.

17- Les installations doivent contenir une bonne ventilation à tout moment, ce qui empêchera l'accumulation d'ammoniac.

18- Les reproducteurs doivent recevoir un supplément vitaminique dans l'eau au moins une fois tous les 15 jours, l'un des plus utilisés au Venezuela est *Multivit*, et cela vaut pour les poussins.

19- La zone de production doit être séparée de la salle d'accouchement.

20- Il doit y avoir un bon éclairage à tout moment.

21- Il faut faire attention au temps de collecte des œufs fertiles, ne pas dépasser le temps stipulé.

22- Pour savoir si un ovule est fécondé, il faut utiliser un ovoscope. Il est recommandé de vérifier les ovules après 10 jours de gestation.

23- Un bon stock d'aliments doit être disponible en cas d'approvisionnement insuffisant. Ne recourez pas à l'achat d'aliments artisanaux, car ils ne contiennent pas les compléments nutritionnels nécessaires, leur composition chimique varie d'un lot à l'autre et ils ne respectent pas les normes requises.

24- Les cailles destinées à la reproduction doivent faire l'objet d'une rotation tous les six mois, car après cette période, leur qualité de production commence à décliner. Pour les cailles pondeuses commerciales, cette période peut être étendue à un an.

25- Le lavage continu des abreuvoirs permettra d'améliorer l'hygiène et d'éliminer presque totalement les maladies.

BIBLIOGRAPHIE

Rodrigo E. Vásquez R. & Higo H. Ballesteros C. **Manejo Empresarial del Campo. La Cría de Codornices (Coturnicultura)¨** Produmedios 2007, Bogotá, Colombie.

G. Lucotte. L'élevage et l'exploitation de la caille. Ediciones Mund-Prensa 1985. Madrid, Espagne.

M. Cumpa Gavidia. Élevage et gestion des cailles. Guide pratique.

BIOGRAPHIE DE L'AUTEUR

L'auteur consacre une grande partie de son temps à transmettre ses connaissances par l'écriture, l'enseignement et la recherche. Il est diplômé de l'Universidad Arturo Michelena, Valencia Edo. Carabobo, où il a obtenu un diplôme en langues modernes. Il est titulaire d'une spécialisation en enseignement pour l'enseignement supérieur décernée par l'(Université de Carabobo) en 2018. Spécialisation en interprétation consécutive de l'Institut Techno Lingüa en 2016. Né à Caracas, au Venezuela, le 3 mars 1982. Il s'est installé à Valence en 1989. Depuis, il a commencé à exprimer ses connaissances à travers des livres et travaille actuellement comme traducteur indépendant. Il a enseigné l'anglais et le français à l'Instituto Universitario Nuevas Profesiones en 2013. (U.E. Fundación Valencia) en 2014-2015. (U.E. Valle Verde) en 2015-2016. (U.E. Jesús Manuel Berbín López) en 2015-2016. (U.E. San Miguel Febres Cordero) en 2017. (Unidad Educativa Batalla de Taguanes) en 2017. (Université Arturo Michelena) en 2017-2018. Il est l'auteur des ouvrages suivants : El Pozo del Vaquero et El Hotel Sangriento en 2018, Diez Postres Más Ricos I en 2018, Diez Postres Más Ricos II en 2019, Diez Postres Más Ricos III en 2020, Diez Postres Más Ricos IV en 2020, Diez Postres Más Ricos V en 2021, Niños Lobos en 2021.

Printed by Books on Demand GmbH, Norderstedt / Germany